JN198266

海辺の石

―小図鑑・見立て・石並べ―

石の人 著

川端清司 監修

はじめに

2015年の夏から全国各地で石を拾い始め、10年ほどが経ちました。私は、日本各地の海岸に行き、海辺に落ちている無数の石から心惹かれるものを見つけては拾っています。海辺で石拾いをしていると人に話すと、なかなか理解されず戸惑うばかり。話が進み、だいたいを理解したあとは、なぜ石拾いをするのか、その石を一体どうするのかと多くの質問が飛び交います。
そんなあまりメジャーではない石拾いについて、10年という節目を機に、これまで拾ってきた数々の石や、自分なりの考えを記録しておこうと思いました。

本書の1章では、これまで拾い集めてきた日本各地の石を種類ごとに分類し、図鑑形式で紹介します。石の分類は、大阪市立自然史博物館館長の川端清司先生にご協力いただき、実際の石をお渡しして石の種類から成り立ちまでを推定いただきました。
2章では、石を見立てることについて紹介します。「見立てる」とは、石を何か別のものと重ね合わせ、楽しむことです。今まで拾ってきた石をさまざまなものに見立てて紹介します。同じ石でも、私と同じように見えたり、まったく違うものに見えたりするかもしれません。
3章では、石を並べることについて紹介します。私の石拾いは拾っておわりではなく、拾ったあとは、並べて新たな石の魅力を引き出します。木の板や白紙の上に並べてみたり、水に浸してみたり…。色形や大きさ、石の反射の違い、並べる数など、無限の可能性を感じながら一つの調和を探ります。
4章では、石を拾うことについて、自分の考えやこだわりなどを紹介します。石との出合いから、石の拾い方まで、石拾いにまつわるさまざまなことを詰めこみました。

誰しもが一度は、子どもの頃に石を拾ったことがあると思います。子どもの頃は、何もかもが新鮮で、動物や植物、道端の石にも興味を持っていました。しかし大人になるにつれ、「価値」という概念がすり込まれ、あらゆるものが必要・不要に分けられていきます。そして石は価値がないものとして、あってもなくてもいい存在になっていくのです。しかし、石は確実に何億年も前からここに在ります。その美しさに気がついたとき、不思議でどこまでも奥深く、それでいて水や空気のように当たり前にある石の虜になってしまうのです。この本を手にとっていただいたみなさんに、少しでも不思議で美しい石の世界に足を踏み入れていただけたら幸いです。

石の人

目次

chapter 01

石の小図鑑

監修　川端清司
（大阪市立自然史博物館館長）

石の小図鑑

道端や海辺で拾う「石ころ」は、科学の世界では「岩石」や「鉱物」と呼ばれます。一般的に岩石は、原子が並んでできた結晶である鉱物が集まってできたものです。岩石は、成り立ち方によって「火成岩」「堆積岩」「変成岩」という3つに分類されます。本章では、著者が全国の海辺で拾った石を、岩石3種類に「鉱物」「化石」を加えた、計5つに分類して紹介します。

石の分類

火成岩

マグマが冷えて固まってできた岩石。冷え固まるスピードによって、さらに分類される。マグマが地表や地表近くで急速に冷えて固まったものは「火山岩」、マグマが地下でゆっくりと冷えて固まったものは、「深成岩」と呼ばれる。

堆積岩

砂や泥などの粒子や生物の死骸などが、風や水などによって流されて、海底などに積み重なり固まった岩石。積み重なる粒子の種類によって「砕屑岩」「火山砕屑岩」「生物岩」「化学的堆積岩」に分類される。

変成岩

一度できた岩石が地下で高温の熱や強い圧力を受けて、とけることなく鉱物の種類や性質が変化した岩石。高温の熱を受けて変成した「接触変成岩」、高い圧力を受けて変成した「広域変成岩」、断層がずれたことで変形した「断層岩」に分けられる。

鉱物

化学物質が結晶になったもの。岩石は小さな鉱物の粒によって構成されているが、中には鉱物そのものが大きくなり、「石ころ」に見えるものがある。岩石にできた割れ目に後から鉱物が成長したものを「脈」という。石英質などの脈は非常に硬いため、岩石全体が風化しても鉱物の部分だけが残り、石ころに見えることが多い。

鉱物の種類は P.18 参照。

化石

動物の歯や骨が残ったものや、植物が変成したもの、殻をもつ生物の遺骸などの化石が、石ころのように道端や海辺に落ちていることがある。

海辺の石ができるまで

海辺の石は、山でできた岩石が海岸に流れ着いてできる。まず山の岩石は雨や風、気温の変化などによって風化されて土砂となり、川に流れ出す。その川は土砂を含んで下流へと流れ、やがて海にたどり着く。そして、海にたどり着いた土砂は、粒が大きいものは川から近い陸の方に、小さいものは川から遠い沖の方へふるい分けられ、堆積していく。それらは波や海流に乗って海岸まで運ばれ、再び堆積されていき、ようやく砂浜や海辺の石となる。海岸近くの崖から崩れた岩石がそのまま海辺の石になる場合もある。

海辺の石は川や海などの水流によって長い距離を長時間かけて運ばれる。また波によって動かされるため、川原の石に比べて平たい形のものが多くなる。

※本書における石・鉱物の大きさは、最大径を示しています。
※石の分類・推定は、川端清司氏（大阪市立自然史博物館館長）によるものです。

鉱物の種類

無色鉱物　白色や透明などの色をもたない鉱物。

石英（せきえい）
二酸化ケイ素(SiO_2)が結晶化してできた鉱物。白色や灰色のものがほとんど。

斜長石（しゃちょうせき）
「長石」グループの中で、ナトリウムやカルシウムを含むもの。火成岩や変成岩などに含まれており、最も見ることが多い造岩鉱物。

沸石（ふっせき）
カルシウム、ナトリウム、アルミニウムなどの含水ケイ酸塩鉱物。加熱すると水蒸気を出す。英語名「ゼオライト」という名称でも呼ばれている。

水晶（すいしょう）
鉱物名は「石英」だが、なかでも結晶が綺麗にあらわれ、無色透明なもの。「アメシスト」といわれる紫色の水晶や、「シトリン」といわれる黄色の水晶もある。

カリ長石（ちょうせき）
アルミノケイ酸塩からなる、約20種類ほどの「長石」グループの中で、カリウムを豊富に含むもの。白やベージュ、ピンクなどの色をしていて、少し透明感がある。

白雲母（しろうんも）
薄く剥がれやすい特徴をもち、雲母特有の樹脂光沢によって剥がれた面がキラキラと輝く。白色～淡灰色だが、不純物によって少し緑や黄色になることもある。有色鉱物に分類される場合もある。

方解石（ほうかいせき）
炭酸カルシウムを含む鉱物。平行四辺形に割れ、キラキラと輝く。やわらかいため、ナイフなどで簡単に傷がつく。透明の結晶は、物を二重に見せる性質がある。

有色鉱物　色をもつ非透明の鉱物。一般には無色鉱物以外を指す。

黒雲母（くろうんも）
薄く剥がれやすい性質をもち、剥がれた面はキラキラと輝く。火成岩に黒斑点をつくる黒色～褐色の結晶。花崗岩や流紋岩などの火成岩や、やや高温でできた変成岩に含まれる鉱物。

輝石（きせき）
光沢があり、黒色、暗緑色、褐色などをしている。角閃石と似ているが、角閃石よりも短い柱状形で、断面によっては丸っぽい形に見える。

ザクロ石（いし）**（宝石名：ガーネット）**
鉄とアルミニウムを多く含む鉱物。火成岩や変成岩などの岩石に含まれる。さまざまな色のものがあるが、濃い赤色や黒色などのものが多い。

紅柱石（こうちゅうせき）
アルミニウムの珪酸塩からなる鉱物。赤みを帯びていることが多いが、見る方向や光の加減によって、赤色や緑色などさまざまな色に見えることがある。泥岩起源のホルンフェルスなどに含まれる。

角閃石（かくせんせき）
透明感がない黒色で、細長い結晶形をしている。割れた面は輝きやすいが、黒雲母よりは光沢が弱い。主に火成岩や変成岩に含まれる。

カンラン石（せき）**（宝石名：ペリドット）**
マントルを構成する緑色の鉱物。マグネシウムが多い「苦土カンラン石」や鉄が多い「鉄カンラン石」などがある。玄武岩などに多く含まれる。

菫青石（きんせいせき）**（宝石名：アイオライト）**
見る方向や光の加減によって、青紫色や菫色（すみれいろ）から黄色みを帯びた青色に変化する。泥岩起源のホルンフェルス(P.52 参照)や片麻岩(P.56 参照)などの変成岩に含まれることが多い。

緑泥石（りょくでいせき）
くすんだ緑色や暗緑色の鉱物。やわらかく、薄く剥がれやすい性質をもつ。凝灰岩に含まれる輝石や雲母、角閃石などが熱水の影響によって緑泥石に変質することがある。

珪線石
紅柱石と同じ成分からなる鉱物。できるときの温度や圧力の違いによって異なる鉱物になる。白色や灰色のものが多く、片麻岩やホルンフェルスなどの変成岩に含まれる。

ブドウ石
丸い粒が集合した形や、淡緑色が見られることから名付けられた。主に変成岩や火山岩の熱水脈に成長する。

用語集

【地球の構造】

マグマ
地下でとけた岩石のこと。非常に高温で1000℃前後になる。地上に流れ出たものを「溶岩」という。

火砕流
大規模噴火の際に、火山灰、軽石、ガスなどの噴出物や火口周りの溶岩が高温のガスとともに地面に流れ出る現象。

付加体
海洋プレートが大陸プレートの下に沈み込むときに、海洋プレートの地殻などが剥ぎ取られ、陸側に付加してできた地質体のこと。

プレート
地球の表面にある固い岩盤のことで、十数枚のプレートに分かれている。大陸を作る「大陸プレート」と海底を覆う「海洋プレート」がある。日本列島は動くプレートがぶつかり合うところにあるため、地震や火山活動が多発する。

変成帯
変成岩が分布する帯状の地域のこと。日本列島は「中央構造線」という大きな断層が縦断しており、その内帯（北）側に「領家変成帯」、外帯（南）側に「三波川変成帯」がある。

断層
地殻変動によって岩盤に力が加わり、地層や岩石にずれが生じたもの。

【石の成り立ち】

斑晶・石基
火山岩は、大きな結晶とその間を埋める小さな鉱物やガラスによってできている。大きな結晶を「斑晶」といい、それ以外の小さな鉱物やガラスの部分を「石基」という。

脈（鉱脈）
岩石にできた割れ目に後から鉱物が成長したもの。鉱物の成分を含んだ熱水や高温のガスで運ばれた成分が割れ目に沈殿してできる。二酸化ケイ素が沈殿して石英質の脈ができることが多い。

【その他】

流理構造
溶岩の流れによって表面にできる縞模様。流紋岩によく見られる。

変成作用
岩石熱や圧力などを受け、鉱物や組織が変化すること。

風化
雨や風、太陽の熱、空気中の酸素や二酸化炭素などによって地表の岩石が物理的、化学的に壊れていくこと。

穿孔貝
岩石などに穴を開け、そこをすみかとする貝類。

熱水作用
地下でマグマに熱せられた高温の熱水やガスと鉱物が反応し、組織が変化すること。

白とベージュの流紋岩。ベージュの部分に、
地下水などによってできた縞模様が見られる。
採集地：新潟の海岸
大きさ：53mm

流紋岩(りゅうもんがん) rhyolite

マグマが地上や地上近くで急激に冷えて固まってできた火山岩の一種。
二酸化ケイ素（SiO_2）を70％以上含んでおり、非常にきめ細かい表面をしている。しばしば表面に縞模様（流れ模様）が見られるものもあるが、これはマグマが流れたときに、マグマの粘り気によってできる「流理構造」というもの。ただし、地下水の染みこみなどによって二次的にできる縞模様の場合もある。流理構造による縞模様では、鉱物の大きさによる配置がみられるが、染みこみによる縞模様はそれらと無関係にできる。
色は白っぽいことが多いが、灰色、赤色、黄褐色など含有物や風化によってさまざま。
一括りに「流紋岩」といっても、石英質の球状の物質である「球顆(きゅうか)」を含むもの、鉱物の大きな結晶をもたないもの、ガラス質のものなど多くの種類があり、見た目のバリエーションは多岐に渡る。

火成岩
色：白色、灰色、赤色、黄褐色など
主な造岩鉱物：石英、カリ長石、斜長石、黒雲母

流紋岩

ベージュとチャコールグレーの流紋岩。うっすらと見える縞模様は、マグマの粘り気によってできる流理構造によるもの。

採集地：福井の海岸
大きさ：40mm

中心部にある穴は、岩石などに穴を開けてそこをすみかとする「穿孔貝」が開けたもの。

採集地：神奈川の海岸
大きさ：36mm

ベージュのマーブル模様と黒い斑点模様がある流紋岩。マーブル模様は流理構造によるものではなく、地下水の染みこみによってできたもの。

採集地：新潟の海岸
大きさ：47mm

木目のような表面が特徴的な流紋岩。ベージュのマーブル模様は、地下水の染みこみによってできたもの。

採集地：福井の海岸
大きさ：52mm

鉄分を含む水が染み込んで褐色を帯びている流紋岩。マーブル模様は地下水の染みこみによってできたもの。

採集地：青森の海岸
大きさ：27mm

石全体を覆うマーブル模様は地下水の染みこみによってできたもの。表面にはポツポツと穴が開いている。

採集地：静岡の海岸
大きさ：100mm

白い石基に黒い縞模様がついた流紋岩。黒い縞模様は流理構造によるものではなく、地下水の染みこみによってできたもの。表面はザラザラとしている。

採集地：福井の海岸
大きさ：46mm

白をベースとした流紋岩。表面には、ポツポツと気泡による小さな穴が空いている。表面にはうっすらとベージュの流れ模様が見える。

採集地：新潟の海岸
大きさ：53mm

流紋岩

球顆流紋岩（きゅうかりゅうもんがん）
石英などの細かい結晶が集まってできた、白くて丸い粒である「球顆」が含まれた球顆流紋岩。表面に空いている穴は、球顆が抜けてできたもの。

採集地：福井の海岸
大きさ：35mm

球顆流紋岩
球顆が空いてできた穴に、大小様々な砂粒がはさまっている。

採集地：福井の海岸
大きさ：40mm

ガラス質流紋岩
二酸化ケイ素（SiO_2）成分を多く含む流紋岩質マグマが急冷してできたガラス質の流紋岩。個性的な形で、表面にはうっすらとオレンジ色が見える。

採集地：福井の海岸
大きさ：84mm

ガラス質流紋岩
ガラス質流紋岩に球顆が見られる流紋岩。表面は、球顆などの影響でゴツゴツとしていて、やや褐色がかって見える。

採集地：福井の海岸
大きさ：55mm

無斑晶質流紋岩（むはんしょうしつりゅうもんがん）
大きな結晶である斑晶を含まず、石基のみでできる無斑晶質流紋岩。全体は紫がかっていて、よく見ると縞模様が見える。

採集地：青森の海岸
大きさ：34mm

無斑晶質流紋岩
白とベージュ、渋めの抹茶色が混ざり合っていて淡い雰囲気をもつ無斑晶質流紋岩。斑晶を持たないため、表面には艶がある。

採集地：福井の海岸
大きさ：44mm

無斑晶質流紋岩
黄土色で、表面に艶が見られる流紋岩。新生代新第三紀中新世の中頃（約1,500万年～1,000万年前）のものと推定される。

採集地：青森の海岸
大きさ：50mm

真珠岩
ガラス質の流紋岩で、球状や楕円状のひび割れが特徴的な岩石。「真珠岩」という名前は、割れ目から真珠のように丸い破片が落ちることに由来している。中心の穴がなぜあるかは不明。

採集地：石川の海岸
大きさ：40mm

方解石や沸石などが空いている穴に埋まり、
表面が白いつぶつぶ模様になった玄武岩。
採集地：神奈川の海岸
大きさ：33mm

玄武岩（げんぶがん） basalt

地球の表面で最も多く見られ、海底のほとんどを占める火山岩の一種。
輝石やカンラン石などの有色鉱物などを多く含むため、黒色や灰色のものが多い。熱水作用や風化作用などによって緑色に、酸化をすると赤色に変色することがある。
マグマから結晶する斑晶は肉眼で見えないほど小さいが、ガスが抜けた空隙を鉱物が埋めることで、表面がつぶつぶ模様になることがある。白色のつぶつぶは方解石や沸石など、緑色のつぶつぶはブドウ石などによるもの。

火成岩
色：灰色、黒色、緑色、赤色など
主な造岩鉱物：斜長石、カンラン石、輝石

玄武岩

ガスが抜けてできた穴に鉱物が埋まり、つぶつぶ模様ができている。埋まっている鉱物は方解石と沸石と推定。

採集地：神奈川の海岸
大きさ：48mm

熱水作用や風化作用による変質が弱い玄武岩。酸化の影響により、全体が茶色みを帯びている。

採集地：神奈川の海岸
大きさ：33mm

玄武岩は本来黒っぽい石基であるが、海底で熱水により変質すると緑色になる。変質して緑色になった玄武岩。白いつぶつぶは、方解石や沸石などの鉱物が空隙に埋まったもの。

採集地：神奈川の海岸
大きさ：42mm

青色の石基に、流れるような斑点模様が特徴的。白い斑点は方解石や沸石、緑色の斑点はブドウ石などの鉱物が後から空隙を埋めたもの。

採集地：神奈川の海岸
大きさ：41mm

弱い片麻状構造を持った閃緑岩。
採集地：神奈川の海岸　大きさ：93mm

閃緑岩（せんりょくがん） diorite

地下深くのマグマがゆっくり固まってできた深成岩の一種。
有色鉱物の角閃石や無色鉱物の斜長石がモザイク状に含まれる岩石。有色鉱物の割合が高く、黒っぽい表面であることが多い。
黒い角閃石が緑色の緑泥石に変質することが多いため、全体が緑色に見えることや、鉱物の割れた部分が光を反射して閃光を放つことから「閃緑岩」と名付けられた。地下深くで変成作用を受けて弱い片麻状構造をもっている。

火成岩
色：黒色、灰色、緑色など
主な造岩鉱物：斜長石、黒雲母、角閃石

粒が細かい閃緑岩。左下部は鉱石化していて金属鉱物が見られる。

採集地：三重の海岸
大きさ：60mm

黒や白の大きな結晶が同じ大きさでモザイク状に集合している。埋立地に工事などで持ち込まれたものと推定される。

採集地：愛知の海岸
大きさ：40mm

いろいろな火成岩

花崗岩（かこうがん）
マグマが地下深くで固まった岩石。鉱物の粒が粗く、同じ大きさの結晶が集合している。新生代古第三紀の前半、約6,000万～4,000万年前くらいにできたのものと推定。

採集地：兵庫の海岸
大きさ：47mm

花崗岩
商品名「インペリアルレッド」などと呼ばれる石材の花崗岩が破片となったもの。輸入されたもので、現在の日本列島にこのような赤い花崗岩はない。

採集地：神奈川の海岸
大きさ：43mm

斑レイ岩
漢字で「斑糲岩」と書く。「糲」は黒米のことで、黒米のような斑点がある岩石。白い鉱物と黒い鉱物が半々くらいの割合で含まれる。黒く大きな結晶は角閃石。

採集地：福岡の海岸
大きさ：43mm

ドレライト
玄武岩と同じ成分を持つマグマが浅い地下で少しゆっくりと固まってできた岩石。角閃石や輝石、カンラン石などの有色鉱物の割合が高いため、全体的に黒っぽい。黒い筋は、マグマが急冷しガラス質になった部分。

採集地：静岡の海岸
大きさ：85mm

花崗閃緑岩
花崗岩と同じく、鉱物の粒が粗く、同じ大きさの結晶が集合している岩石。花崗岩との違いは、カリ長石が少なく斜長石が多いという点。採集地近くの山から崩れたとしたら、約１億年前にできたものと推定できる。

採集地：福井の海岸
大きさ：57mm

アプライト
花崗岩の仲間で、基本的には、有色鉱物をほとんど含まない岩石。粒が大きいものをペグマタイト、粒が小さいものをアプライトという。ポツポツと見えている斑点状の鉱物は黒雲母とザクロ石。

採集地：三重の海岸
大きさ：64mm

中粒砂岩。石英粒子が多く含まれているため、全体は白っぽい。青色の線は、力が加わってできたクラック（割れ目）によるもの。
採集地：三重の海岸
大きさ：56mm

砂岩（さがん） sandstone

砂が海底などで堆積し固まってできる砕屑岩（さいせつがん）のうち、粒径2～1/16mmの大きさのもの。砂岩の中でも砂粒の大きさによってさらに分類されており、2～1/2mmの砂粒でできたものを粗粒砂岩、1/2mm～1/4mmの砂粒でできたものを中粒砂岩、1/4～1/16mmの砂粒でできたものを細粒砂岩という。
全体的に灰色や褐色を帯びているものが多く、割れ口はザラザラとしている。
主に石英や長石の鉱物からなっており、岩石のかけらや火山灰を含むこともある。表面に砂粒が見え、やわらかいものは、砂粒がぽろぽろと剥がれ落ちる。

堆積岩
色：白色、灰色、黄色、褐色など
堆積物：砂（石英、長石、雲母など）

砂岩

中粒砂岩。バツ印のような模様や線は、砂岩が固まるころに力が加わってできたクラック（割れ目）。微少な石英や方解石が割れ目を埋めている。

採集地：静岡の海岸
大きさ：53mm

全体的に黒みを帯びている砂岩。表面に多数あるひっかき傷のような模様はクラックに石英が成長した石英脈。

採集地：三重の海岸
大きさ：60mm

粗粒砂岩。白い部分は、クラックにケイ酸などの成分を含んだ熱水が入り込み、沈殿してできた石英脈。

採集地：三重の海岸
大きさ：84mm

細粒〜中粒砂岩。全体的に灰色で、中心を通る黒い筋はクラックによるもの。極めて細かい石英と鉄鉱物でできている。

採集地：三重の海岸
大きさ：45mm

黒色の石基に白い帯状の線が特徴的な頁岩。中央の白い部分は、クラックに石英が成長した石英脈。
採集地：三重の海岸
大きさ：50mm

頁岩（けつがん） shale

海底に堆積した泥が泥岩となり、その上に積み重なる地層などの重さによってさらに圧力を強く受けてできた堆積岩の一種。本のページをめくるように、堆積面に沿って薄く剥がれやすい特徴をもつことから名付けられた。剥がれやすくなるのは、鉱物が細かく平行に配列し、層状になっているため。
表面には光沢がなく、マットな質感。黒色や灰色のものが多いが、稀に褐色みを帯びるものや風化して白くなるものもある。

堆積岩
色：黒色、灰色など
堆積物：泥

頁岩

表面は濃い灰色に白い十字模様。十字模様は、クラックに石英が成長した石英脈。

採集地：三重の海岸
大きさ：47mm

平たい形の頁岩。黒っぽくてマットな質感の表面。斜めに入っているベージュの直線は石英脈によるもの。

採集地：三重の海岸
大きさ：65mm

褐色の模様は風化と摩擦によるもの。工事などで採集地に持ち込まれたものと推定。

採集地：福井の海岸
大きさ：62mm

中心を横切る石英脈が硬いためにハチマキのように飛び出している。中生代ジュラ紀の付加体起源と推定。

採集地：島根の海岸
大きさ：50mm

独特な形をした砂岩泥岩互層。
砂と泥による縞模様が見える。
採集地：石川の海岸
大きさ：27mm

砂岩泥岩互層（さがんでいがんごそう） Alternation of Sandstone and Mudstone

砂岩と泥岩が交互に繰り返し堆積してできた地層の岩石。川から流出した土砂や砂が海底に堆積してできる。縞模様は地層の積み重なりによるもの。小石や砂などの比較的大きくて重い粒子が先に沈み、粘土などの細かい粒子のものが後からゆっくりと沈むため、層ができる。この作用が時間をかけて何度も繰り返され、次第に砂岩泥岩互層ができていく。
本書に掲載する砂岩泥岩互層は、比較的深い海底に堆積し、岩石の硬さから新生代新第三紀中新世の中頃（約1,500万年～1,000万年前）くらいに堆積してできたものと推定できる。

堆積岩
色：褐色など
堆積物：火山灰

砂岩泥岩互層

茶色や薄いベージュの層が何層も積み重なっている。色が淡い層が砂岩で、濃い層が泥岩。

採集地：石川の海岸
大きさ：38mm

地層の積み重なりが食い違っていて、小さな断層が見られる。断層とは、地殻変動によって力が加わり、地層がずれたもの。

採集地：石川の海岸
大きさ：51mm

薄いベージュと白い層が積み重なっている岩石。白い層が砂岩。

採集地：石川の海岸
大きさ：42mm

濃い茶色の層と、細くて白い層が積み重なっている。

採集地：石川の海岸
大きさ：39mm

青灰色がベースのチャート。所々褐色が見られる。表面には濃い青色の脈が多数入っている。
採集地：北海道の海岸
大きさ：40mm

チャート　chert

石英質の殻をもつプランクトン（放散虫）や海綿骨片が海底に堆積してできた堆積岩の一種。二酸化ケイ素（SiO_2）が90%以上含まれているため、非常に硬く、釘やカッターなどで擦ってもほとんど傷がつかない。
透明感があり、色は灰色、緑灰色、青灰色、赤色、緑色、褐色などさまざま。

堆積岩
色：灰色、緑灰色、青灰色、赤色、緑色、褐色など
主な造岩鉱物：石英

美濃帯と呼ばれる地質にあるジュラ紀付加体に含まれるチャート。縞模様はチャートの珪質と泥質が積み重なってできたもの。

採集地：愛知の川
大きさ：36mm

綺麗な球体の赤色チャート。中央の白い帯はチャートの脱色部。右側の細い白線は石英脈。

採集地：北海道の海岸
大きさ：43mm

流紋岩質細粒凝灰岩（いわゆる緑色凝灰岩）。
新生代新第三紀中新世の中頃（約 1,500 万年～1,000 万年前）にできたものと推定できる。
採集地：神奈川の海岸　大きさ：59mm

りょくしょくぎょうかいがん
緑色凝灰岩　green tuff

火山灰が堆積してできた凝灰岩のうち、緑色のもの。
凝灰岩に含まれる雲母や角閃石などの有色鉱物や火山ガラスなどが、海底火山活動に伴う熱水作用により、緑泥石という緑色の鉱物に変わることによってできる岩石。緑色、淡緑色、緑白色などのものが多い。
秋田県男鹿半島の館山崎のフィールドネームが由来となっている「グリーンタフ」の名前でも知られる。

堆積岩
色：緑色、淡緑色、緑白など
堆積物：石英

濃い緑色部は多孔質で密度の小さい「軽石（パミス）」。新生代新第三紀中新世の中頃（約1,500万年～1,000万年前）にできたものと推定。

採集地：島根の海岸
大きさ：44mm

灰色部分は、粗粒凝灰岩質。緑色の軽石が荷重による圧縮により細長く伸びているため、溶結凝灰岩（P.50参照）とも推定できる。新生代新第三紀中新世の中頃（約1,500万年～1,000万年前）のものと推定。

採集地：福井の海岸
大きさ：55mm

いろいろな堆積岩

流紋岩質の溶結凝灰岩
溶結凝灰岩は、火砕流が熱を持った状態で一気に積もることにより一部が溶け、溶結して固まった岩石。新生代古第三紀の前半（約6,000万～4,000万年前くらい）の火山活動によってできたものと推定。

採集地：兵庫の海岸
大きさ：62mm

流紋岩質の溶結凝灰岩
流紋岩質の火砕流が積もることで一部が溶け、溶結して固まった岩石。白亜紀後期～新生代古第三紀にできたものと推定。

採集地：兵庫の海岸
大きさ：33mm

溶結凝灰岩（流紋岩質～デイサイト質）
流紋岩質～デイサイト質の火砕流が積もることで一部がとけ、溶結して固まった岩石。模様や色の違いは基質の凝灰質部と火山礫の違いによるものと推定。

採集地：青森の海岸
大きさ：56mm

流紋岩質の凝灰岩
流紋岩質の火山灰が固まってできた石のこと。火山岩のかけらが含まれている。

採集地：青森の海岸
大きさ：43mm

火山礫凝灰岩
火山砕屑岩の一種で、火山岩のかけらなどの火山礫と火山灰が混ざってできた凝灰岩。新生代新第三紀中新世の中頃（約1,500万～1,000万年前）の火山活動によってできたものと推定。

採集地：福井の海岸
大きさ：59mm

珪質頁岩
層による縞模様「ラミナ」が発達した珪質頁岩。新生代新第三紀中新世の中頃（約1,000万年前）に深海底（おそらく1,000mほど）に堆積したものと推定。茶色は風化によるもの。

採集地：青森の海岸
大きさ：46mm

礫岩
直径2mm以上の岩石の破片や粒子である「礫」が固まってできた礫岩。一つ一つの粒子が大きいので、構成している礫を肉眼で識別できる。斑状に見えるのは空隙にできた鉱物のオパール。

採集地：青森の海岸
大きさ：60mm

メランジェ
黒い部分は泥岩で、白い部分は砂岩。全体は、層で重なっているのではなく、断層運動などの力を受けて変形し、泥岩と砂岩がごちゃごちゃと混ざり合っている。

採集地：三重の海岸
大きさ：50mm

泥岩がマグマの高熱によって再結晶してできた泥岩起源のホルンフェルス。
表面は青とピンクで構成されている。
採集地：神奈川の海岸
大きさ：50mm

ホルンフェルス hornfels

高温のマグマが地表近くに上がっていくことによって、浅部にある岩石などが変成する接触変成岩の一種。一般的には泥岩や砂岩などの堆積岩が、高温のマグマの熱によって再結晶してできる。
角のように硬いことから、ドイツ語で「角」を表す「ホルン」と「岩石」を表す「フェルス」にちなむ。
元となる岩石によって様相は異なり、泥岩起源のものは黒みを帯び、菫青石や紅柱石の結晶が斑点状に生じる場合が多い。風化すると褐色みを帯びることがある。
砂岩起源のものは、黒雲母が多く生成され、きらきらと光るように見えることが多い。

変成岩
色：黒色、ベージュ、褐色、紫色など
主な造岩鉱物：石英、斜長石、黒雲母、白雲母、菫青石、紅柱石、珪線石

ホルンフェルス

泥岩起源のホルンフェルス。全体的に緑色で、白い部分は石英脈。

採集地：神奈川の海岸
大きさ：41mm

濃い灰色の部分は、頁岩がマグマの高熱によって再結晶してできた、頁岩起源のホルンフェルス。白い部分は細粒な火山灰が固まってできた凝灰岩。

採集地：三重の海岸
大きさ：55mm

P.28と同じつぶつぶの玄武岩がホルンフェルス化した岩石。ホルンフェルス化によってつぶつぶの輪郭がぼやけている。

採集地：神奈川の海岸
大きさ：43mm

砂岩がマグマの高熱によって再結晶してできた、砂岩起源のホルンフェルス。表面に広がる白い部分は石英脈。

採集地：三重の海岸
大きさ：53mm

いろいろな変成岩

玄武岩起源の弱変成岩（準片岩〔じゅんへんがん〕）
準片岩は、再結晶の程度が弱く片理がはっきりしない結晶片岩の総称。片理とは、鉱物の配列に沿って薄く剥がれやすい性質の岩石の構造のこと。

採集地：神奈川の海岸
大きさ：45mm

泥岩起源の弱変成岩（準片岩）
白い部分は石英脈。

採集地：神奈川の海岸
大きさ：40mm

片麻岩〔へんまがん〕
元からある岩石が地下深くで高温や圧力を受けて再結晶したもの。石英や長石などの白色鉱物と黒雲母の黒色鉱物が層状になっている。埋立地に工事などで持ち込まれたものと推定。

採集地：愛知の海岸
大きさ：57mm

黒雲母片麻岩
領家変成帯の岩石。約1億年前に地下20kmほどの深い場所で、400～500℃くらいの中温中圧の温度圧力を受けてできたと推定できる。

採集地：静岡の海岸
大きさ：110mm

蛇紋岩
カンラン石や輝石などの鉱物と水が反応してできる岩石。緑色部は一部、反応しきれずに残ったカンラン石。

採集地：新潟の海岸
大きさ：42mm

蛇紋岩・ロジン岩
黒い部分は蛇紋岩、白い部分はロジン岩で構成され、2種類が混在している。ロジン岩は、蛇紋岩ができる際にカルシウムを含む熱水と反応してできると考えられている。

採集地：新潟の海岸
大きさ：50mm

泥質片岩
三波川変成帯の岩石。約1億年前に地下20〜30kmほどの深い場所で、200〜300℃くらいの低温高圧の温度圧力を受けてできたと推定できる。細かいシワシワ(チリメンジワ構造)が見える。

採集地：静岡の海岸
大きさ：51mm

透明度がある淡い褐色の瑪瑙。小さい石英結晶が集合してできている。
採集地：青森の海岸
大きさ：37mm

石英（せきえい）、瑪瑙（めのう）、玉髄（ぎょくずい）、碧玉（へきぎょく） quartz

石英は、二酸化ケイ素（SiO_2）からなる鉱物。非常に硬く、川や海でも削られることなく残っていくため、海辺や川原でよく見られる。
色は、白色や半透明が多いが、ピンク、淡い褐色など含有成分によって色がつく場合がある。無色透明で、結晶が大きく成長したものは「水晶」といわれる。
造岩鉱物が同じ石英でも、石英の微細な結晶が集合して塊になったものを「玉髄」といい、そのうち縞模様になったものを「瑪瑙」という。石英の微細な結晶の集合体に、酸化鉄などの他の鉱物が多く混ざることにより、不透明になったものを「碧玉」という。

鉱物
色：白色、透明、ピンク、褐色など

石英、瑪瑙、玉髄、碧玉

石英
石基に透明度がある石英。空隙の内部に石英の結晶が大きく成長した水晶が見える。オレンジの部分は風化したもの。

採集地：青森の海岸
大きさ：55mm

石英
白ベースにオレンジやベージュが混ざっている石英。

採集地：静岡の海岸
大きさ：40mm

石英
中心部に、石英の結晶が大きく成長した水晶が見られる。灰色の部分は石英脈ができた元の岩石。

採集地：福井の海岸
大きさ：42mm

瑪瑙
海岸に流れ着くまでに角が削られ綺麗な円形になった瑪瑙。少し褐色がかっていて、うっすらと縞模様が見える。

採集地：静岡の海岸
大きさ：40mm

瑪瑙
極めて小さい石英結晶の集合体。全体は少し紅色がかっていて、綺麗な縞模様が見える。透明度はなくマットな質感の瑪瑙。

採集地：静岡の海岸
大きさ：30mm

瑪瑙
極めて小さい石英結晶の集合体である瑪瑙。無色透明の部分と白色の部分が混ざっている。白い部分は風化したもの。

採集地：福井の海岸
大きさ：53mm

瑪瑙
無色透明の部分と白色の部分が混ざっている。白い部分は風化したもの。

採集地：福井の海岸
大きさ：53mm

玉髄・瑪瑙
玉髄と瑪瑙が混ざっている。

採集地：福井の海岸
大きさ：55mm

石英、瑪瑙、玉髄、碧玉

玉髄
ガラス質の火山灰が固まった、ガラス質凝灰岩に二酸化ケイ素（SiO_2）が浸透して珪化したものとも推定できる。全体は、極めて小さい石英結晶の集合体なので、玉髄といえる。

採集地：不明
大きさ：35mm

玉髄
全体は青みがかった白色で、少し透明度がある玉髄。

採集地：北海道の海岸
大きさ：40mm

玉髄
全体はピンク色でやや透明感がある玉髄。きれいな球体をしている。全体のピンク色は酸化鉄もしくはチタンによるものと推定できる。

採集地：石川の海岸
大きさ：45mm

玉髄
やや透明感のある乳白色をしている小さな玉髄。中央の黒い線は元の岩石。

採集地：福井の海岸
大きさ：25mm

玉髄
全体はベージュがかっており、少し透明度がある玉髄。濃い褐色部は鉄分などが染みこんだもの。

採集地：福井の海岸
大きさ：45mm

玉髄
火山岩の空隙にできた玉髄の集合体。全体はピンクがかっている。よく見ると、透明度の高い石英の結晶がキラキラと輝いている。

採集地：静岡の海岸
大きさ：37mm

錦石
日本地質学会選定の「青森県の石」に選ばれている「錦石」と呼ばれる天然石と推定。新生代新第三紀中新世の中頃（約1,500万年〜1,000万年前）のものと推定できる。

採集地：青森の海岸
大きさ：59mm

碧玉・玉髄
碧玉と玉髄が混ざっている。赤い部分は碧玉、水色部分は玉髄であり、空隙部に玉髄から水晶が成長している。

採集地：兵庫の海岸
大きさ：60mm

ベージュ部分が木のように見えることから珪化木と推定できる。
採集地：青森の海岸
大きさ：52mm

珪化木（けいかぼく） silicified wood

樹木が化石になったもの。地中に埋もれた樹木の細胞に、周りの堆積物からケイ酸分が染み込み、樹木の細胞を保ったまま全体が珪質になった石。色は淡い褐色や灰色、黒色などがあり、木目や年輪が見えることが多い。硬く黒い部分は、「ジョット」という宝石として流通している。
広葉樹か針葉樹かは、根から茎や葉まで水分や栄養分を運ぶ役割をもつ「道管」の有無による。道管があるものは広葉樹、道管がないものは針葉樹として見分けられる。

化石
色：黒色、褐色、灰色など

珪化木

表面がマットな質感の黒い珪化木。ぼんやりではあるが木材の組織が見える。

採集地：青森の海岸
大きさ：86mm

ベージュの珪化木。道管を持たないことと、年輪と年輪の間が比較的均質な細胞であることから、針葉樹の珪化木と推定できる。

採集地：福井の海岸
大きさ：32mm

少しだけ見える白い部分に木質のような組織が確認できる。黒い部分は硬質頁岩と推定できる。

採集地：石川の海岸
大きさ：74mm

下部の褐色部から黒色部にまっすぐ通った木目の模様が見えるため、広葉樹の珪化木と推定できる。

採集地：青森の海岸
大きさ：103mm

独特な形をしている珪化木。ベージュの部分に木質が確認できる。黒い部分は一見すると硬い質感の頁岩に見える。

採集地：石川の海岸
大きさ：95mm

大きめの珪化木。道管がはっきりと見えるため、広葉樹の珪化木と推定できる。ベージュ部分と黒い部分が混在している。

採集地：青森の海岸
大きさ：90mm

表面がマットな質感の珪化木。黒ベースに白い模様が少し見える。斜めに透かすと板目が確認できる。

採集地：石川の海岸
大きさ：47mm

細長い形の珪化木。中心部をまっすぐ通るベージュの部分に道管がはっきりと見えるため、広葉樹の珪化木と推定できる。

採集地：青森の海岸
大きさ：56mm

chapter 02

石の見立て

石の見立て

古くから石の見立ては文化や芸術を通してさまざまに愛でられてきました。
本章では、見立ての魅力について紹介します。

見立てるということ

「見立てる」とは、石を風景や物、生物や抽象的なものまで、森羅万象の何かになぞらえ、楽しむことです。

日本では、庭園に水を使わずに岩や砂などを用いて山水の風景を表現する「枯山水」や、石そのものを自然の景色や風物と重ねて室内に飾る「水石」（P.138参照）など、石を自然物と重ね合わせて表現する文化が親しまれてきました。枯山水は飛鳥時代ごろから、水石は南北朝時代ごろから行われていたとされ、非常に長い歴史を持っています。人々は古来から、石の姿形、色、模様を、私たちの身近にあるもの、風景、芸術などさまざまなものに重ね合わせてきたといえます。海辺で拾う石ころも、それらの石の文化芸術と同じく、その多彩な色、形、模様から人々にあらゆるものを連想させます。見立てることで、その石をさらに深く味わうことができるのです。

見立ての楽しみ

石の見立ては、自由に連想して楽しみます。思い出の風景や、街並み、花や木の実、帽子や靴など、見立てる対象はなんでもかまいません。何かに見立てることで、その石の世界に深く入り込んだり、自分の心の中にある風景を想像したり、その石を拾った旅の記憶を思い出したりすることができます。

見立ての楽しみは、見立てる人によってそれぞれ違うことです。連想するものがまったく違う場合や、連想するのは同じ風景や物でも、見え方や感じ方が違う場合などさまざまです。人によって見え方が違うのは、見立てる人の観念や心象風景が反映されるからかもしれません。そこには、本人にしかわからない世界があり、ある種の趣深さや侘び寂びがあります。もちろん人と同じものに見えて盛り上がる場合もあり、それも楽しみの一つです。

このように、石の見立てには、見立てた本人にしかわからない楽しみと、共通認識の誰がどう見ても同じものに見えてしまう嬉しさが共存しています。みなさんも拾った石を眺めて、自由に見立ててみましょう。

風景に見立てる

石を砂嵐や水面、夕焼けなどに見立てます。
美しい風景を切り取ったような石たち。

砂嵐

やわらかなピンクとグレーのモザイク柄が美しい。
ざらざらとした砂と花びらが吹き荒れる、春の嵐のよう。

青森の海岸

朝の雪景色

雪がしんしんと降り積もる静かな朝。粉雪のようなシルキーホワイトとベージュが織りなす雪景色。

静岡の海岸

朝焼けに包まれる山と湖

もやがかかった朝の湖。深いブルーとピンクベージュのコントラストが幻想的。

神奈川の海岸

島

空と海を映し出した島。透き通る水色とグレーのグラデーションは美しく、静かにきらめく午後の海を映しているよう。

神奈川の海岸

水面

ゆらゆらと光を反射する水面。なめらかな表面も愛らしい。水面からすくいあげたかけらのよう。

神奈川の海岸

夕焼けの砂漠

夕陽に照らされた砂漠。まざりあう赤と橙が燦々（さんさん）と降り注ぐ日差しと暑さを思わせる。なかなか見ない色と模様。

青森の海岸

月明かりに照らされた芒

夜空に浮かぶ月と遠山。白い線と斑点は、月明かりに照らされ、きらめく芒のよう。暗く濃い緑に繊細な線とぼかしが美しい。

神奈川の海岸

梅の木

春の訪れを告げる、軒先の梅の木。全体を覆う淡い色彩と繊細な模様が、やわらかな春の空気を感じさせる。

福井の海岸

夜空に浮かぶ三日月

三日月が青白く輝く夏の夜空。ダークグレーにホワイトのアクセントが美しく、さらさらとした触り心地。

神奈川の海岸

冬の枝

銀世界に佇む枯れ木の枝々。雪のホワイトと枝のブラウンのコントラストは、ぴんとはりつめた朝の空気を感じさせる。

三重の海岸

海・空に見立てる

石を爽やかな青空や、燃えるような夕焼け空、夜の海岸などに見立てます。
空模様を閉じこめたような石たち。

霧が立ち込めた静かな湖

黄緑色と碧のぼかしが織りなすグラデーションが、霧に包まれた
早朝の静かな湖を思わせる。やわらかく広がる色合いが、どこか幻想的。

神奈川の海岸

ふるさとの夕焼け

懐かしくて不思議な世界。これは夢かもしれない。ペールトーンのオレンジ、ピンク、ブルーグリーンの調和が実に美しい。

神奈川の海岸

ひつじ雲

午後2時、透き通った青空とひつじ雲。ターコイズブルーに浮かぶホワイトの斑の配置が絶妙で、ため息が出るほど美しい。時間よ止まれと思わず念じる。

神奈川の海岸

静かな夜の海岸

深いブルーとホワイトのグラデーションが、ぼんやりともやがかかった夜の海岸のよう。夜の静寂の中に波の音だけが聞こえてくる。

神奈川の海岸

夕焼け空と海岸の風景

心に沁みる、夕暮れ時の風景。ペールトーンのピンクとネイビーが美しい。明日いいこと起こりそう。

神奈川の海岸

午後3時の青空と湖畔

淡いターコイズブルーとオフホワイトの色合いが優しい。やわらかな風が流れる穏やかな湖畔のよう。

神奈川の海岸

天高く流れる雲

グレイッシュなブルーグリーンの空を流れる白いすじ雲。どこまでも広がる空のかけら。空気が澄んだ、静かな秋の空。

神奈川の海岸

淡い空にかかる飛行機雲

薄水色とグレーのグラデーションが美しい。まっすぐにのびた白線は、朧(おぼろ)げな春の空に浮かぶ飛行機雲のよう。

新潟の海岸

燃えるような夕焼け空

かわいらしいシルエットに、ワインレッドからオレンジのグラデーションが惚れ惚れするほど美しい。

福井の海岸

月夜の海

漆黒の夜空に輝く月と、月明かりに照らされた静かな海のよう。ブラックとチャコールグレーのダークな色合いが渋く、味わい深い。

三重の海岸

食べ物に見立てる

石をカフェオレやブルーチーズ、蜂蜜などの食べ物に見立てます。
おいしそうな石たち。

サバ

ブルーとベージュのグラデーションが艶やか。
色やフォルムはサバの切り身のよう。色の境目が実に美しい。

神奈川の海岸

カフェオレ

ホワイトとモカブラウンのマーブリングが美しい。コーヒーにミルクを落とした時に混ざり合う、あの瞬間のよう。

福井の海岸

冷凍みかん

透き通る黄色にまぶされた白が神々しい。光にかざすとさらに輝く。ひんやり冷たいみかん。

福井の海岸

わさび煎餅

白っぽい表面にぽつぽつと浮かぶ淡いグリーンの模様が、わさび煎餅のよう。穏やかな波に磨かれて薄く洗練された石。

福井の海岸

ブルーチーズ

オレンジがかった半透明に点々と現れる黒っぽい斑点が、熟成されたチーズを思わせる。芳醇な香りがしてきそうな石。

青森の海岸

チョコレートクッキー

シンプルな角丸の四角形に二重の白線、マットなグレーは、子どもの頃に食べたチョコレートクッキーのよう。

兵庫の海岸

チェダーチーズ

クリーミーなオレンジと淡い黄色が絶妙に混ざり合い、とろけたチーズのよう。やわらかそうな質感やあたたかな色味が、なんだかおいしそう。

茨城の海岸

蜂蜜

透き通る飴色は、甘く濃密な蜂蜜のよう。白く霞んで趣き深い。いびつでふしぎな形もまた愛らしい。

福井の海岸

ゼリービーンズ

白と縞模様が美しい。光が当たるとふんわり透き通る。なつかしい甘い味が呼び起こされる。

青森の海岸

マンゴー

赤と橙のやわらかなグラデーションが美しい。丸みのある楕円の形と艶やかな表面は、完熟したマンゴーのよう。

福井の海岸

生き物に見立てる

石をゴマフアザラシやバクなどの生き物に見立てます。
のそのそと動き出しそうな石たち。

ゴマフアザラシ

白いベースに黒い斑点模様が、ゴマフアザラシのよう。
丸みのあるシルエットも愛らしい。ごろんと海辺で休んでいたのか。

富山の海岸

バク

ブラックとライトグレーのコントラストが美しく、ぼってりとしたシルエットはかわいらしい。夢を食べる石。

三重の海岸

孔雀

薄緑と黄土の色合いが高貴な印象で、華やかな羽を広げる孔雀のよう。触り心地がさらさらしていて気持ちいい。

千葉の海岸

ゴマダラカミキリ

ほんのり緑を感じる黒に、白い斑点のコントラストが美しい。暗闇でもぎらりと輝くゴマダラカミキリのよう。

神奈川の海岸

絵画に見立てる

石をモネやエッシャーなどの絵画に見立てます。
どこかで見た絵画を想起させる石たち。

モネの睡蓮

ターコイズブルーとブラウン、ライトパープルと
ダークグレーの光と影が美しい。色の混ざり合いが絶妙。

青森の海岸

山水画

どこの風景なのかはわからない。やわらかなオレンジブラウンに溶け合うグレージュが幻想的。

富山の海岸

エッシャーの絵画

グレーとベージュのコントラストが美しい。幾何学模様とモノトーンの色合いは、エッシャーの世界に迷い込んだよう。

石川の海岸

墨流し

墨が水に広がる瞬間を切り取ったかのよう。黒とグレーのモダンなパターンが美しく、洗練されている。

三重の海岸

地図に見立てる

石を地図に見立てます。
思わず行き先を探してしまいそうな石たち。

宝の島の地図

滲んだ茶色と淡い肌色は、古びた羊皮紙のような色合いで、
ビンテージ感を醸し出す。宝の島はどこにある。

福井の海岸

地球儀

紺と薄緑とベージュのバランスが美しく、まるで地球の一部分を切り取ったよう。陸地が盛り上がりすべすべとした触り心地。

神奈川の海岸

赤い惑星の地図

宇宙の彼方、赤い惑星の地図のよう。右半分は隕石落下で消滅したのだろうか。鮮やかなボルドーが目を惹く。

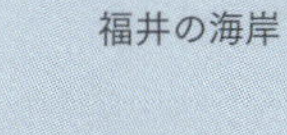

福井の海岸

衛星画像

黒とうぐいす色の調和が美しい。上空から撮影した衛星写真のよう。海と陸の風景にも、ぎらぎらと輝く夜景にも見える。

神奈川の海岸

○△□に見立てる

石をさまざまな形に見立てます。
海や川の流れによってだんだんと削ぎ落とされ、なめらかになった石たち。

まる

カーキ色のまんまるな石。美しい球体とざらざらとした表面は、
石が過ごした長い年月を物語る。意外に見つからない球体石。

神奈川の海岸

さんかく

見事な三角形と、絶妙なグレーのグラデーションが神秘的で洗練されている。静かにただ佇む石。

福井の海岸

しかく

やさしい四角。美しいよもぎ色は、眺めているだけで癒される。滑らかな表面と、やわらかな線でつくられた、ほっと落ち着く石。

神奈川の海岸

不思議なしかく

独特な模様と形は、時空が歪んだよう。ベージュとホワイトの混ざり合いが美しい。ワープする石。

石川の海岸

小物に見立てる

石をさまざまな小物に見立てます。
アンティークショップに並べられていそうな石たち。

バベルの塔

オリーブカラーのラインが鮮やか。
フォルムや色は、まさに「バベルの塔」。層のずれも味わい深い。

石川の海岸

おはじき

平たくて小さい石。淡い桜色とクリーム色がかわいらしい。表面の粒々としたワインレッドがいいアクセント。

福井の海岸

雪道を歩いたブーツ

真っ白な石英は靴底についた雪のよう。ぼこぼこした表面が不思議。ザクザクと雪道を歩く音が聞こえる。

福井の海岸

土器

遥か昔にどこかで作られ、発掘された土器。クラシカルなベージュとブラックの横線は古代の様式美。

福井の海岸

爪痕に見立てる

石を獣の爪痕や恐竜の爪などに見立てます。
線や模様は何かの爪痕のよう。

獣の爪痕

漆黒に薄茶の三本線。どこかで獣にひっかかれたよう。
三角のフォルムもかわいらしい。

三重の海岸

恐竜の爪

ぽろっと落ちた恐竜の爪のよう。よく見るとつぶつぶとした結晶が見える。長い地球の歴史。

福井の海岸

ネイルアート

指のような形と艶のある表面は、まるでネイルアート。ブラウンとベージュの配色がシンプルで美しい。

福井の海岸

猫の手

ブルーとベージュの配色がかわいらしい。真ん中のベージュの模様は、猫が手を伸ばしているよう。

神奈川の海岸

宇宙に見立てる

石を惑星や星空などに見立てます。
広い宇宙を閉じ込めたような石たち。

木星

ブラウンとベージュのうねりが美しい。表面に見える穴やうねりは、
まるで木星。手のひらに収まる小さな宇宙。

青森の海岸

星雲

薄いターコイズブルーとワインレッドの重なり合いが幻想的。広い宇宙のどこかにもやもやと浮かぶ星雲のよう。

新潟の海岸

惑星

砂漠の惑星のよう。表面にあいた穴はクレーターのようで、配置が絶妙。うっすらと浮かぶ白とベージュの波模様は砂嵐か。

福井の海岸

星空

じっくり見ると、夜空に輝く満天の星空。白や青など、石に浮かぶ無数の星たち。彼方遠くにある銀河を閉じ込めたよう。

新潟の海岸

chapter 03

石を並べる

石を並べる

石は、並べることでより美しく見えたり、拾うときには見られなかった表情が見えてきます。並べ方に趣向を凝らせば、石の魅力をさらに引き出すことができます。ここでは、著者が日頃から楽しんでいるさまざまな並べ方を紹介します。名称は並べ方にちなんで著者が名付けたものです。

連石

二～三個の石を並べる「連石」。色や大きさ、形や質感など、関連性のある石をバランスよく並べます。テーマを決めてから石を選んでも、選んだ石からテーマを決めてもかまいません。組み合わせることで、それぞれの世界が互いに影響を及ぼし合い、新しい世界観が生まれます。

【 連石のつくり方 】

POINT ❶ 大きさ・形

同じ大きさや、似ている形など、関連性を決めると調和しやすいです。大小の似た石を二つ並べるだけでも絵になります。著者は「親子石」とも呼んでいます。

POINT ❷ 色・質感

同色や同系色を選んで並べると、統一感が出て世界観を表現しやすくなります。また、「ざらざら」や「すべすべ」などの質感を揃えてもまとまりが出ます。

親子たまごボーロ連石

真ん丸な石が二つある。大きな石に小さな石がついていくように。
親石小石どこへ行く。

彼方の星雲三連石

もやもや、うねうね、なんだか不思議で魅惑的。
石を通じて宇宙の神秘を感じる。

静かな三連石

うぐいす、黒豆、ほうじ茶。
すべすべした触り心地、凛とした石。心清らかになる。

十二石

ひとつのテーマに沿って十二個の石を並べる「十二石」。「春夏秋冬」「朝昼夕」「宇宙・惑星」など、目の前の石から思い浮かぶイメージでテーマを決めたり、テーマに合う石を選んだりして、十二個の石で思い思いに表現します。「十二」は、星座や一年、干支や時間など、地球上のあらゆるものを構成する数字。多すぎず、少なすぎない、ちょうどいい十二個の石。そこには無限の世界が広がっている。

【 十二石のつくり方 】

POINT ❶ 色

同色や同系色、もしくは同じ模様でまとめると統一感が出ます。挿し色として派手な色の石を入れるのも全体が締まります。あえてすべて違う色にしたり、「四季」などのテーマを決めて組み合わせるのも良いです。

POINT ❷ 配置

均等に並べると、より作品らしい印象になります。ランダムにバランスよく並べると、海辺に落ちていたときのような自然な雰囲気が出ます。

POINT ❸ 背景

木の板に置くと絵画のような仕上がりになります。

桜の十二石

染井吉野に山桜、枝垂れ桜に八重桜。
さまざまな桜色の石が並び調和する。

朝、早起きして並べた十二石

朝日が入り込んで石の影が美しく伸びた石々。
何も考えず、美しい石をただ並べるこのひと時に感謝。

夏の旅の十二石

夏がおわるとなぜだか切ない。
あの時の夕焼け、海、星空、思い出を石にこめて。

惑星と衛星十二石

大きな惑星は可愛い衛星を従えて、ぐるぐる回り続ける。
宇宙をのぞいているかのよう。神秘的で多様な模様の石たち。

空想の浜

水を張った水盤に、お気に入りの石を並べる「空想の浜」。旅先の思い出深い石浜を再現したり、お気に入りの石を集めた自分だけの石浜を水盤の中に表現したり。石の数やテーマは自由。思うままに空想に身を委ねて自分だけの石浜をつくります。あの時の浜か、はたまた夢でみた浜か。

【 空想の浜のつくり方 】

POINT ❶ 色

赤、緑、黄色の石は濡れるとさらに発色がよくなるのでおすすめです。また、瑪瑙は水に濡れると透明になりきらきらと輝きます。

POINT ❷ 水盤

生け花や盆栽に用いる、底が浅く平たい器「水盤」を使います。白や透明などのシンプルなものが、より石の美しさを引き立てます。

和の浜

何気なく選んだ石々から、どこか和を感じる。
水に入れて映える色と模様が儚く美しい。

赤い石の浜

炎、紅葉、星雲、火星。さまざまな赤い石が転がる浜。
所々に散りばめられた薄水色と水面の陰影がまた絶妙。

瑪瑙の浜

白と黄色の瑪瑙だけが転がる、白昼夢に見た浜。
波打ち際できらきらと輝く。

夕方の浜

色とりどりの石が、夕陽を浴びてゆらゆらゆれる。
どこにもない美しい浜。時よ止まれ。

窓辺の宇宙

窓辺に石を並べます。窓から差しこむ光に照らされて輝く美しい石々。惑星に見立て、自分が思い描く宇宙を想像して石を並べましょう。石は宇宙で宇宙は石。好きな石を好きなだけ、自由に並べる「窓辺の宇宙」。

【 窓辺の宇宙のつくり方 】

POINT ❶ 場所・背景

自然光が入る窓辺で撮影します。また、背景は石を目立たせるために白がおすすめです。白画用紙を背景に使用すると綺麗に写ります。

POINT ❷ 並べ方

自分の中の宇宙、銀河を表現するように、好きに並べます。楕円形に並べると、より宇宙感を表現できます。

回転する石宇宙

色、形、さまざまな石たちが重力で引き合って
一つの世界を創り出す。

碧い宇宙

少しずつ違う美しい碧が、
互いに及ぼし合って調和する。静かな宇宙。

銀河の庭

縞々、点々、真ん丸な石がころころ転がる。
意思をもって、日光浴しているかのよう。

幻想惑星群

絵本に出てきそうな惑星の集まり。
さまざまな生物が住む星々は白い宇宙にまたたく。

石世界

一つの石に近づいて没頭する「石世界」。マクロレンズで接写して石面探査をしてみると、遠くからでは見られなかった小さな結晶や模様など新たな一面が垣間見えてきます。石一つ一つに広がる大きな世界。

マッシュルームのよう。まろやかな白が美しい、まるい瑪瑙。

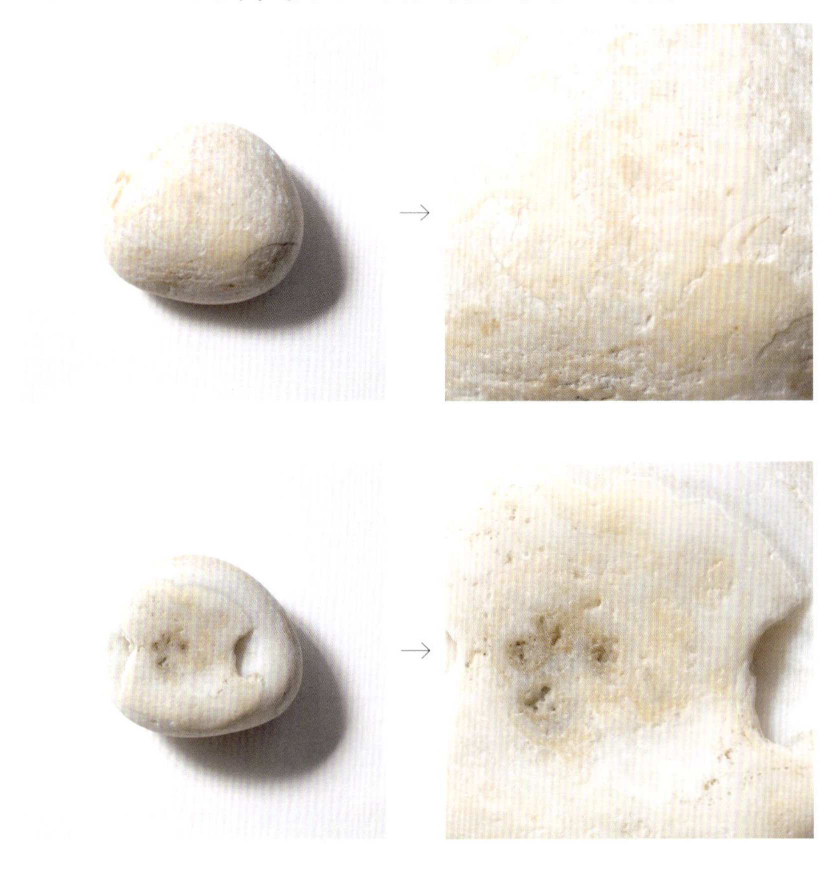

ルーペのよう。大きくあいた穴と全体のフォルムが面白くて美しい。

連なる絹糸のよう。白と透き通る黄金色の織りなす模様が美しい。

銀河群のよう。青よりの黒に、淡い青や桃色が美しくちらばる。

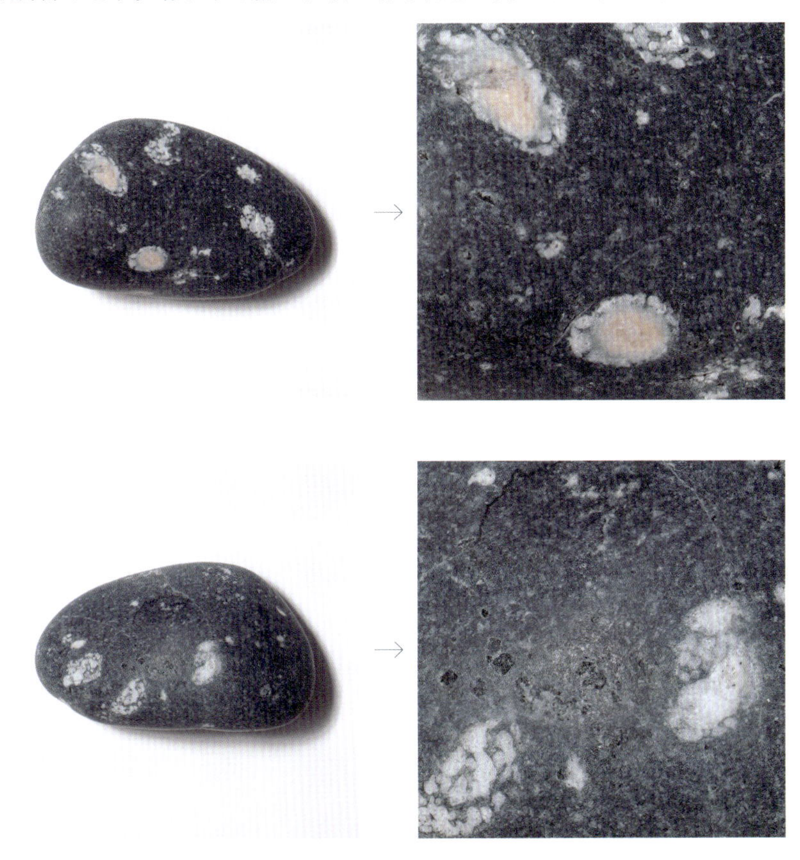

並行石世界

石の表と裏を同時に観察する「並行石世界」は石のパラレルワールド。まるで浮かんでいるように見える石は、宇宙を浮遊している惑星を思わせます。一つの石をいろんな角度から見ることで、より深くその石を味わうことができます。

【 並行石世界のつくり方 】

POINT ❶ 道具

二面をうつすために鏡を使用します。また、背景をぼかすと、より石が浮遊しているように見えるので、一眼レフで撮影するのがおすすめです。

POINT ❷ 背景

屋外で空などを背景に撮影すると、より宇宙やパラレルワールドのような雰囲気が表現できます。

空

向こうの世界の空も美しいのか。
白い雲は不思議な形に変化して、消えて生まれてを繰り返す。

バベルの塔

突如、空に現れた塔。縞模様が何かを表しているのだろうか。
地層から削り出された、石ころからのメッセージ。

石の光

暗闇を照らす「石の光」。透明度がある「瑪瑙」に光を当てると、隠れていた模様が姿を現します。光に照らされた石は、恒星やマグマのよう。

【 石の光のつくり方 】

POINT ❶ 石

透明度がある鉱物「瑪瑙」を選びます。

POINT ❷ 照らし方

スマートフォンなどのライトの上に白紙を一枚被せ、その上に石を置くと、石に柔らかい光が通り、綺麗に照らすことができます。

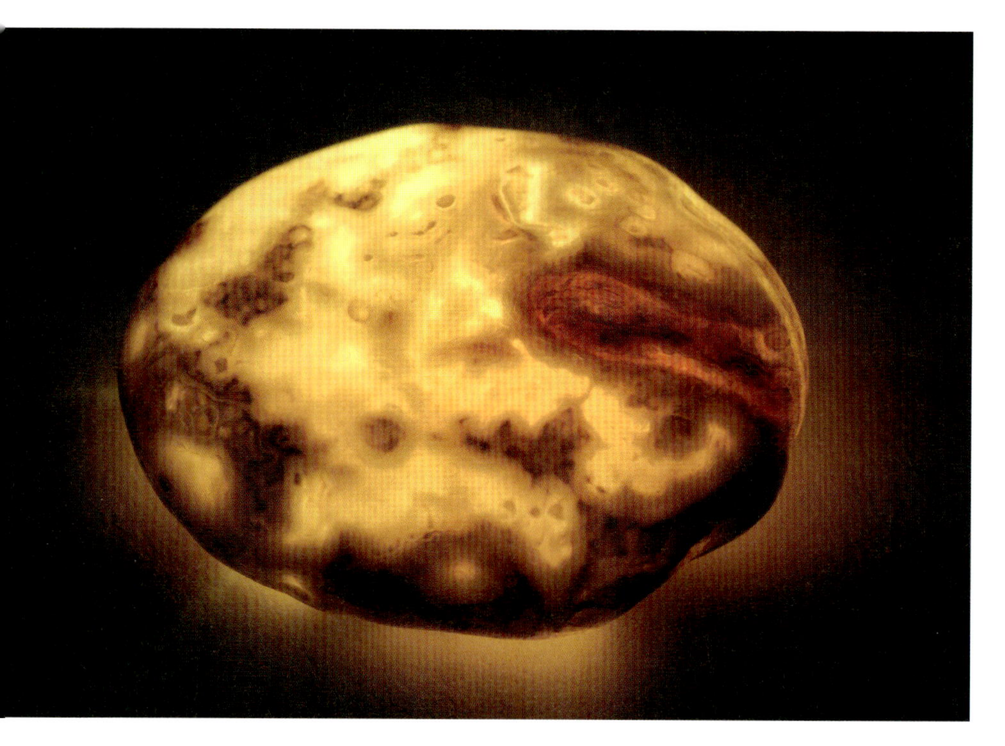

恒星

暗闇を照らす一つの石。
星のはじまりか、生命の源か。

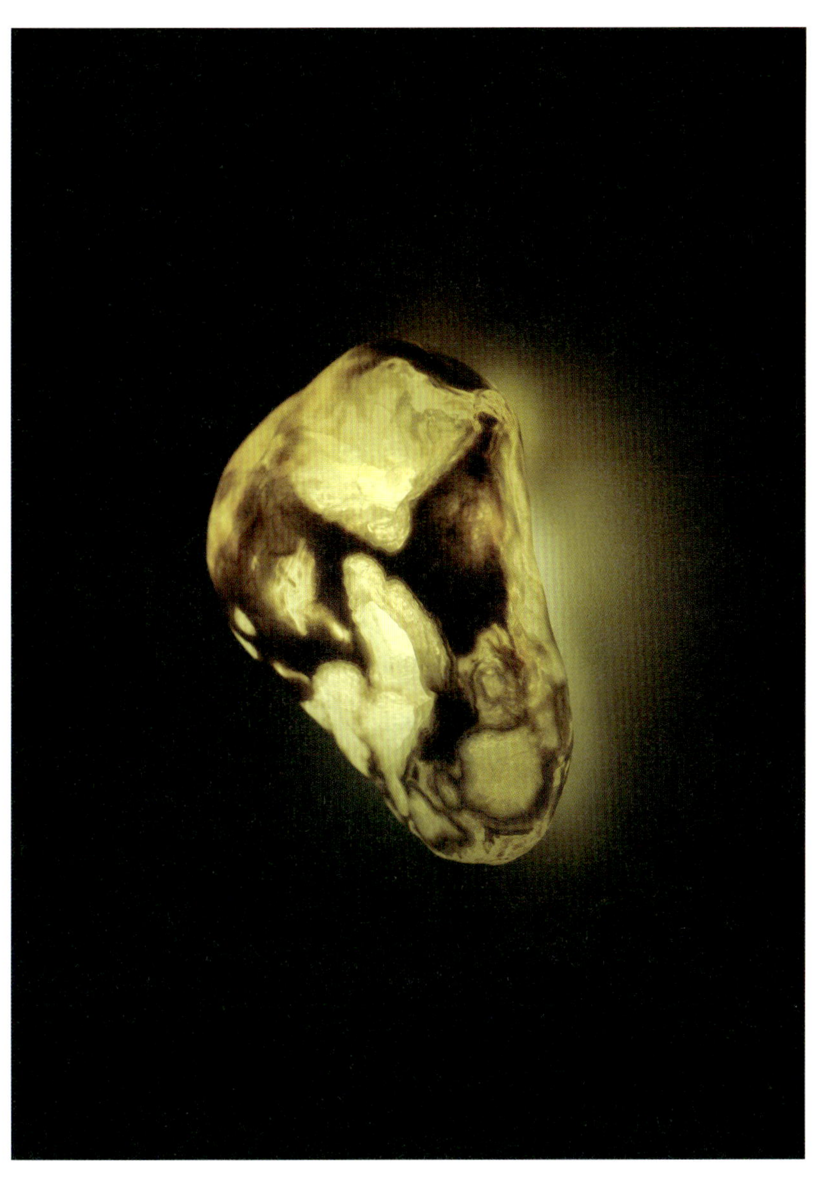

さなぎ

穴から溢れるぼんやりとした光。
鼓動が聞こえてきそう。

石を撮る

【必要なもの】

・カメラ …一眼レフで撮影するとより綺麗な仕上がりになります。
・三脚 …手ブレを防ぐために使用しましょう。
・白画用紙 or 木の板…背景として使用します。白画用紙を背景にすると洗練された印象になり、木の板を背景にすると温かみのある印象になります。

【あったらいいもの】

・マクロレンズ …「石世界」（P.114 参照）など、石に近づいて撮影するときに使用します。

【撮影方法】

光の取り入れ方

自然光を取り入れるために窓際で撮影します。照明は使わず、基本的に自然光のみで撮影しますが、光が強すぎるときは、薄いレースカーテンを閉めてやわらかい光が入るようにします。

撮影時間

朝や夕方は太陽の位置が低いので影が長くでき、エモーショナルな写真を撮りたいときにおすすめです。昼は太陽の位置が高いので影は短く、石そのものをはっきりと写したい時におすすめです。

構図（間隔）

石と石の間隔によって、見ている人が受ける印象は大きく異なります。

等間隔

同じくらいの大きさの石を程よい距離で等間隔に配置すると、統一感が出ます。

広い間隔

間隔を広く保つと、一つ一つの石が強調され、際立ちます。石を注目して見せたいときにおすすめです。

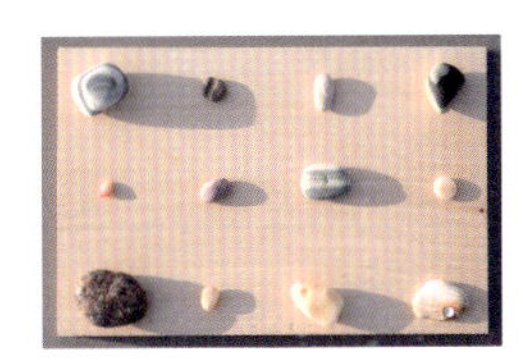

狭い間隔

間隔をあまりとらずに石を配置すると、石のグループ感が強まります。また、ランダムに配置することで、海辺に落ちている自然な雰囲気に近づけることができます。

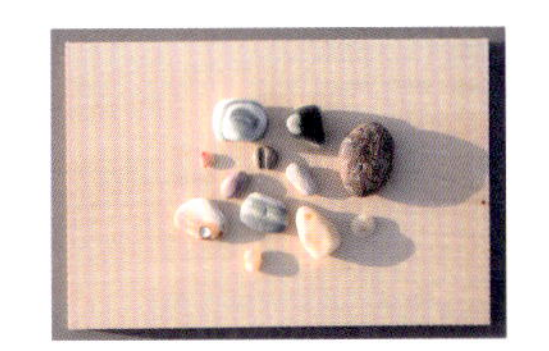

アングル

撮影するアングルによっても印象が変わります。

真上から

真上から撮ると、一つ一つの石の美しさが観察できます。より洗練された印象を与えます。

斜めから

石に近づいて斜めに撮ることで、石の世界がまだまだ広がっているという想像を膨らませる写真にすることもできます。もちろん遠くから石全部が映るように撮影しても良いです。

石を使う

箸置き

拾った石は、箸置きとして使うことができます。
箸置きに向いているのは、平たい石か真ん中に箸を置けるほどのくぼみがある石。
拾ったら綺麗に洗って食卓に置いてみましょう。

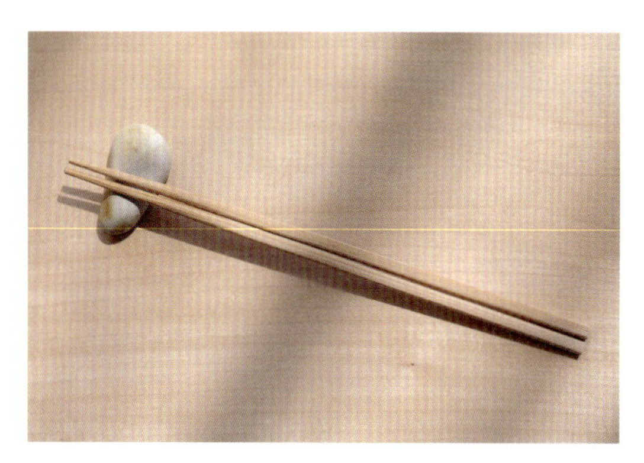

よさそうな石

文鎮

拾った石は、文鎮としても使うことができます。
文鎮に向いているのは、重みがあって角が取れている石か底が平らな石。
机の上に石をいくつか置いておくと、書類をまとめるときに便利です。

よさそうな石

chapter 04

石を拾うということ

石を拾うということ

石拾いを始めて約10年が経ちます。
これまで、美しい石を求めて日本各地の海辺に足を運んできました。
10年間拾い続けた今もなお、奥深い石拾いの世界に魅了されています。
石との出合いから石拾いの楽しみ、石拾いのコツまで、
石を拾うことについてお伝えします。

石拾いのきっかけ

きっかけは同僚の石

小さい頃から、海に落ちている貝殻や学校のグラウンドに落ちている石など、綺麗なものが好きでよく拾っていました。でも思春期になると音楽が趣味になったので、石は拾わなくなりました。その後、きっかけとなったのが、デザイン会社に就職して10年ほど経った頃です。同僚が海で見つけてきた石を会社に持ってきたんです。その石を一緒に眺めながら、「この石は何に見える？」「すべすべしていて手触りがいい」などとかなり盛り上がり、その時、小さい頃に石が好きだったことを思い出しました。

海辺の石の美しさに驚く

石は川原で探すイメージだったので、海辺にこんなに丸くて手触りがいい美しい石があることにとても驚きました。同僚の石は静岡県御前崎の石だったのですが、今でもいい出合いだったなと思います。いてもたってもいられず、その週末に地元の三重を南下し、和歌山の海まで石を拾いに行きました。下調べせずに衝動的に拾いに行ったので、綺麗な石は見つからず…。石はどこにでも落ちているわけではないのだと知り、それから本やネットで石を探せる場所を調べながら、石探しの虜となっていきました。

なぜ石を拾うのか

石拾いは創作活動に近い

石拾いを衝動的に始めているので、最初から何か目的があって拾っているわけではなく、石に魅せられて、拾わざるを得なくなったという感じです。ただ、昔から好きな漫画やゲームなど、市販の作品を楽しむだけでなく、オリジナルのものを考えてみたり、絵を描いたり音楽を作ったりと、自分で想像して創作することが好きでした。石は自然が作ったものですが、拾う人によって好みの石がまったく違っていて、その人の世界観が大きく反映されるので、かなり創作活動に近いものを感じます。自分で何かを一から作るとなると大変ですが、石拾いは誰でも拾うだけで自分の感性を表現できるので、取りかかりやすい創作活動だと思います。

記憶の装置としての石

「自然が創造したもの」という面も、石の大きな魅力だと思います。「玄武岩」や「瑪瑙」など種類は色々ありますが、同じ種類でも石一つ一つはそれぞれ色や形が違います。「瑪瑙」でも透明のものから不透明のもの、赤いものから黄色いものなど、見た目が全然違い、その多様性や創造性が石の面白さかなと思います。

もう一つは、「記憶の装置」としての石ですね。旅行のときに拾った石を家で眺めながら、「ああいう海だったな」とか、「そういえば旅行の時にこんなことあったな」みたいな、思い出を呼び起こす装置の役割もある気がします。

石拾いの楽しみ

「ゾーン」に入る時が楽しい

「石を拾っている」と言うと、よくコレクションするのが好きなのかと聞かれるのですが、コレクションというよりは、石を拾う工程や石を選定することが好きです。「ゾーンに入る」という言葉がありますが、石拾いもまさにその瞬間があるんです。何も考えずにただ石を拾うことだけに集中している時間というのが、かなり楽しいですね。しかも、場所が海なので、波の音がとても心地よくて、少し疲れたら海を眺めたりしながら石を拾っています。この時間は今までにあまり味わったことがない、石拾いならではの不思議な時間だと思います。

悩ましくもあり
楽しくもある選定作業

見つけた後は、20～30個を海岸に並べて、そこから気に入った数個を選ぶのですが、その選定作業は悩ましくもあり、楽しくもあります。石仲間と行った時は、その場でプチ品評会が始まって、お互いが拾った石について意見を言い合います。不思議なのが、海岸で見ていたときと家で眺めたときとで、印象が違うんです。海で見つけたときよりよく見えるものもあれば、あんまりだなというものもあって、それはそれで面白いなと思っています。

一人の石拾いは
孤独を感じられるいい時間

一緒に拾いに行く「石仲間」は、デザイナーの知り合いや地元の友達が多いです。旅行のついでに一緒に拾いに行ったり、無理やり連れて行った地元の友達が、石拾いに開眼して仲間になるパターンもあります。

SNSで知り合った、石を拾っている人と拾いに行ったことも数回あります。普段あまり石のことを話せる人がいないので、その時は「ようやくここまで話せる人に会えた」という感じで、意気投合しました。ただ、一度は一人で行ってみることをおすすめします。人と行くのは楽しいのですが、その分雑念も入りやすいです。一人の方がよりゾーンに入れるというか、没頭しやすいと思います。オフシーズンに地方の海に行くと、広い海岸に自分一人ということもあるので、孤独を感じつつ、いい時間を過ごせます。

石の拾い方

拾える海岸を衛星画像で探す

今は石の浜がなかなかないので、石拾いは石を拾える海岸を探すところから始まります。一番確実な探し方は、石を拾える海岸を示した本を読むことですが、本がない場合は、地図のアプリに掲載されている衛星画像で探します。海岸の色味や質感などで、なんとなく石の浜っぽいというのがあります。また、海岸名を検索すると、そこで釣りや犬の散歩をしている人があげている写真が見られるので、その写真の地面に注目して、石があるかをチェックしています。

少しでもいいなと思ったらまず拾う

海岸に着いたら、まずはざっくりと海岸全体をみて、いい石が集まりそうな場所を見定めてから探します。私の場合は日記も書いているので、海岸の石の状態と海の風景を記録しながら拾っています。だいたい30分から1時間ほど経つと集中力が切れてくるので、拾った石を砂浜に並べて石を選別します。最初から厳しく選んで拾うというよりは、少しでもいいなと思ったものは拾っていき、最後に選別します。初めての海岸の場合、石の傾向がわからず、浜に戻した石がとても珍しい石だったということもあるので、できるだけ気になったものは拾っておいて、後から選別するようにしています。

いい石は集まっている

海岸の形や高低差、波の加減などの関係で、いい石がギュッと固まってる場所があります。また、なんの裏付けもないのですが、いい石が一つあると、なんとなくその近くにいい石がある気がします。いい石は集まってくるのかもしれません。

目当ての石は決めない

あらかじめ目当ての石を決めて石拾いをすることはありません。「その海岸では有名な種類の石が拾える」などの前情報があれば意識はしますが、それが目当てになってしまうと、自分の中の石センサーが壊れて他のいい石を見逃してしまいます。有名な石は「運が良かったら拾おう」くらいにしています。

写真データとしても保存

拾った後は、水洗いをしてからビニール製の保存袋で保管しています。その袋に海岸名と拾った日付を書き記します。仕切りがある箱に入れている方もいますね。また、見つけた海岸ごとに写真を撮っておいて、写真データに残しています。

石拾いに必要なもの

1.軍手

石を拾うと手が汚れてくるので、軍手は持っていきましょう。また、石についた泥を落とすのにも便利です。

2.靴

石探しに集中していると、高確率で靴が濡れます。波打ち際の石が綺麗に見えて、つい拾いたくなってくるんです。なので、防水の靴か替えの靴を持っていくことをおすすめします。

3.ビニール製の保存袋

石を拾った後に入れる袋は、濡れてもよいビニール製の袋がおすすめです。チャックがついているものであれば、拾った後もそのまま保存できるので、チャック付きの保存袋が便利です。

4.ボディバッグ

拾った石を入れる袋を入れるためのボディバッグがあると安心です。袋を手で持って拾っていると、波を避けるなどのふとしたときに石を落としてしまうことがあります。

5.帽子・水

熱中症対策・防寒対策として帽子は必須です。特に、暑い時期の海岸は照りつけや照り返しが強いので、熱中症になりやすいです。また、首の日焼けなどもするので、帽子は被りましょう。熱中症対策として、こまめな水分補給も大切です。

6.ルーペ（あると便利なもの）

より細かく石の表面を観察することができます。

おすすめの季節・天気・時間

台風の後は狙い目

石拾いにおすすめの季節は、過ごしやすい春や秋です。日本海側の海は、冬は波が強くなるので、春に波に乗って海岸に流れついた石を探しに行くのがよいと思います。また、台風の後は荒波に乗っていい石が海岸に漂流してくるので、秋の台風の後などもおすすめです。夏は暑く、海岸に人が多いので大変かもしれません。冬の海岸はとても寒いので、覚悟が必要です。

雨の日は瑪瑙がきらっと光る

石拾いにおすすめの天気は、小雨程度なら意外と雨もいいのかなと思っています。海岸も空いていますし、瑪瑙などの石が濡れると透明になってきらっと光り、見つけやすくなるのでおすすめです。ただ、石が濡れていて、全部きれいに見えてしまうので、要注意です。家に持って帰って乾かしてみたら、そこまで好みではなかったということもあるので、雨の日の石拾いは上級者向けかもしれません。

干潮の時間は海岸が広がる

石拾いにおすすめの時間は、干潮の時間です。干潮は海岸の幅が広がるので石を探す範囲が広くなります。潮が満ちてくると、海岸によっては、通れていた場所が通れなくなったり、海岸の幅が狭まったりと危険な場合があるので、干潮、満潮の時間は調べておくと安心です。

いい石に出合うコツ

目を養うことが大切

いい石に出合うには、「目を養うこと」が大切だと思います。普段道を歩いていても、意識を向けていなかったら、地面の石ころに気がつくことはないですよね。まずは些細なことにも目を向けられるようになると、いい石を見つけやすくなるのではないかなと思います。私がよくやっているのは、散歩に行ってあまり他の人が見ないところを見ることです。例えば、道端に落ちているものや近所の人が育てている植物、変わった造りの家など、身近でありながらも不思議なものや、些細な変化などに目を向けるようにしています。そのようなことに好奇心をもって気がつけるようになると、見る目が養われ、美しい石に出合いやすくなるような気がします。

流れに身を任せて出合いを待つ

実際に拾うときに意識していることは、周りの影響を受けずに自分がいいと思うものを拾うことです。SNSなどで他の人が拾った綺麗な石を見るかもしれませんが、「この人が拾ったような石を拾おう」と思って石拾いをするのはやめた方がいいかもしれません。石は一点物なので、他の人が持っている石はもう拾うことはできないんです。自分が持っている石を他の人が拾うこともできません。人によって石の好みは本当に違うので、自分がいいと思う石を拾うことが石拾いの醍醐味だと思っています。探すというよりは、流れに身を任せていい石に出合うのを待つくらいの気持ちでいるほうが、楽しく石拾いができるような気がします。

石を見るポイント

拾う人によって石の好みや傾向は変わるということを前提に、
私が石を選ぶときに見る６つのポイントを紹介します。

1. 形／

丸、三角、四角などの角が取れて形が綺麗なものを選びます。自然の造形物なので、真ん丸や真四角などの形はかなり珍しいです。他には、フォルムやシルエットが何かに見立てられるものをよく拾います。

2. 色／

赤や黄色などわかりやすくカラフルなものから、グレーっぽい渋めの色味のもの、ヴィンテージ感のある色味など、グッとくる色味のものを選びます。

3. 展開／

著者は、石の裏から表にかけての模様のことを「展開」と言っています。石をひっくり返すと、全く違う色や模様が出てくることもあります。抽象絵画のような模様や、風景のような模様、色味など、見立てやすいものも目を惹きます。

4. 触り心地／

すべすべしているものやさらさらしているものなど、触り心地がいいものを選びます。

5. 大きさ／

拾うのは、にわとりの卵くらいまでの大きさにしようと決めています。好きな大きさは、時期によって変わり、最近は小粒な石に興味があります。初心者の方は、小粒の石を探すのがおすすめです。大きいものは面積が増えるので、ゴツゴツしている部分や欠けている部分、色が綺麗ではない部分などがあるのですが、小さな石はその確率が低いので、綺麗な石を見つけやすいと思います。

6. 密度／

硬さのことです。持ち帰ってから割れてしまう石もあるので、できるだけ硬い石がいいです。初心者の方は、一度拾った石を水につけてこすってみるといいと思います。こすったときに手に泥のようなものがつくとやわらかい石なので、注意が必要です。

水石や鉱物と石拾いの石の違い

「石」にはさまざまな楽しみ方があります。「石」を楽しむ方法として
代表的な「水石」や「鉱物収集」と、「石拾いの石」との違いを紹介します。

水石と石拾いの石の違い

水石とは
日本では古くから浸透していて、一つの石の姿形や色、模様などを、自然景観や風物などに見立て、愛でる自然芸術です。盆栽と同様、自然の造形物である石を「風化させる」「台座をつける」などによって芸術に昇華させたものです。最初は庭で鑑賞していましたが、室内へと移り、客間などで飾られるようになりました。石を何かに見立てるという点は、石拾いの石と共通しています。

水石は「時代」を重視する

水石は、落ち着きのある古びた趣を重視するため、どれだけの年月が経った石なのかという「時代」が重視されます。そのため自身で探石（川原や山で自採すること）したものは、長い年月をかけて「養石」をします。「養石」とは、外に置いて雨ざらしにしたり、日に当てたりして風化させ、石の表面に味わいが出るのを待つことです。その一連の流れを「時代をつける」ともいいます。伝承石（歴史的人物由来石や古くからの名家・著名人の旧蔵石等々様々）については、養石は必須ではありません。

揖斐川五色石　Ibigawa goshiki ishi
銘「萬峰秀眺」
W61 × D23 × H14cm　青銅地紋楕円水盤
提供：一般社団法人日本水石協会

水石は手入れが必要

水石は、台座や水盤に載せたり、必要であれば「養石」をしたりと、手入れをして石の風格を出します。それに対して、石拾いの石は、拾ったあとは水洗いをするのみで、石自体を手入れすることはありません。

鉱物収集と石拾いの石の違い

鉱物とは

岩石を構成する小さい粒々も「鉱物」と言いますが、「鉱物」の結晶が大きく成長し、形作られるものもあります。これらの大きく、美しく成長した鉱物は、「鉱物収集」として集められたり、「宝石」として売買されたりします。

鉱物は希少性に価値がつく

鉱物は、結晶の大きさや種類など、希少性という点で価値がつき、売買されます。「ダイヤモンド」「ルビー（鉱物名：コランダム）」などの鉱物は、宝石として高値がつけられ出回ります。

鉱物は「収集」に重きを置く

鉱物は、購入しコレクションするのが主流です。石拾いの石は、自分がいいなと思うものを拾ったり記録に残して楽しみます。

水晶

石を戻す

いつかは石を戻す

石は、一つ一つが何百年から何千年、時には何万年から何億年もの歴史をもつ大切なものなので、拾った石はいつか拾った海岸に戻したいと思っています。今まで見てきたように、石は拾う場所によって種類や特徴が異なります。石は山から川、海へと辿り着き、そこに存在しています。異なる場所に石を戻してしまうと、未来の地質学者がパニックになるかもしれません。石にも生態系のようなものがあるので、元あった場所に戻すことが大切です。それに加えて、海岸に戻す可能性があるので、石自体への加工はしないようにしています。いつかその時が来たら、最後に写真などを撮って記録して、別れを惜しんでから戻そうと思っています。その後石に思いを馳せるのも楽しみです。

持ち帰るのは手に収まるくらい

本当に気に入ったものだけを持ち帰るようにしています。持ち帰るかを迷う石は、あまりビビッときていないので、置いていったほうがいいかもしれません。持ち帰る目安の量としては、両手に収まるくらいまでがいいと思います。

ルールを守って石拾いを

岩石はどこでも拾っていいわけではありません。国立公園や国定公園、天然記念物指定地域で見られる岩石は、採集や移動が禁止されています。石を拾って良い場所か確認してから採集しましょう。

また、水辺は増水や土砂崩れなどの危険もあります。天気予報に気をつけて石拾いをしましょう。

おわりに

いろいろと石について記してきましたが、結局のところいい石に基準はまったくないような、人それぞれで違うような、共通の部分もあるような。とても曖昧で、それゆえに趣深く感じます。結局は、あまり深く考えず、直感を信じて好きなように拾うのがいいと思います。

石拾いをしていると、石は惑星や宇宙に似ていると感じることがよくあります。考えてみればそれもそのはず。地球は約46億年前にできた岩石惑星で、そこから剥がれた岩が砕け、削られ、ころころ転がり川を流れ、磨かれて海にたどり着きます。これは小さな惑星の誕生ともいえるのではないでしょうか。そんな惑星が無数に転がる海岸は、まるで銀河や宇宙のように思えるのです。

青森には石の聖地と呼ばれる海岸があります。そこで拾える石は「津軽の錦石」と呼ばれ、その石たるや、もう本当にすごいのです。この本を手にとってくださったみなさんも、ぜひ石を求め、聖地を探しに旅に出てみてください。そして時が経って、部屋の中で転がっている石にふと光が差したとき、その旅を思い出すかもしれません。石を拾ったり、並べたり、考えたりするなかで、自分だけの石の楽しみ方や石の世界が広がり、まだ知らない自分に出会えるかもしれません。
石が美しいこと、石が美しいと思えることに感謝しながら、私の石ころ探しの旅は永遠に続きます。

最後に、数多くの石を丁寧に詳しく推定くださった川端清司先生に心より御礼申し上げます。

石の人

参考文献

『見分けるポイントがわかる 岩石・鉱物図鑑』川端清司監修（日本文芸社）
『自然散策が楽しくなる！岩石・鉱物図鑑』川端清司監修（池田書店）
『石ころ博士入門』高橋直樹・大木淳一（全国農村教育協会）
『観察を楽しむ 特徴がわかる　岩石図鑑』西本昌司（ナツメ社）
『くらべてわかる 岩石』西本昌司（山と渓谷社）
『小学館の図鑑 NEO 岩石・鉱物・化石』萩谷 宏・門馬綱一・大路樹生監修（小学館）
『日本の水石展図録』日本水石協会編
『ひとりで探せる川原や海辺のきれいな石の図鑑 3』柴山元彦（創元社）
『NHK 美の壺 水石』NHK「美の壺」制作班（NHK 出版）

石の人

石を拾い並べる人。
海で石拾い、時には川で石拾い。
石を求めて旅に出る。
拾った石を眺めていると
あの光が蘇る。音が聞こえる。
不思議と癒しと孤独が織りなす
石拾いの思い出。

公式サイト：石の人 ISHINOHITO
(https://ishinohito.com/)
Instagram：@ishitoumi
X：@ishitoumi

chapter01　監修：川端清司

大阪市立自然史博物館館長。1986年新潟大学大学院理学研究科修士課程修了。理学修士。専門は地質学、博物館学、文化財学。主な著書はともに共著で『関西自然史ハイキング－大阪から日帰り30コース』（創元社）、『標本の作り方・自然を記録に残そう』（東海大学出版部）など。吹田市文化財保護審議会委員、大阪公立大学非常勤講師。

STAFF

編集　ナイスク（https://naisg.com/）
松尾里央、岸正章、北橋朝子、
荻生彩（グラフィック社）
デザイン・DTP　小林沙織
装丁　石の人
写真　石の人、日本水石協会、PIXTA

海辺の石
－小図鑑・見立て・石並べ－

2025年3月25日　初版第1刷発行

著者　石の人
監修者　川端清司
発行者　津田淳子
発行所　株式会社グラフィック社
〒102-0073　東京都千代田区九段北1-14-17
TEL 03-3263-4318（代表）　FAX 03-3263-5297
https://www.graphicsha.co.jp/
印刷・製本　TOPPANクロレ株式会社

定価はカバーに表示してあります。
乱丁・落丁本は、小社業務部宛にお送りください。小社送料負担にてお取替え致します。
本書のコピー、スキャン、デジタル化等の無断複製は著作権法上の例外を除き禁じられています。
本書を代行業者等の第三者に依頼してスキャンやデジタル化することは、たとえ個人や家庭内の利用であっても著作権法上認められておりません。

ISBN 978-4-7661-3944-0　C0044
© Ishinohito 2025, Printed in Japan